# BEI GRIN MACHT SICH IHR WISSEN BEZAHLT

- Wir veröffentlichen Ihre Hausarbeit, Bachelor- und Masterarbeit

- Ihr eigenes eBook und Buch - weltweit in allen wichtigen Shops

- Verdienen Sie an jedem Verkauf

Jetzt bei www.GRIN.com hochladen und kostenlos publizieren

**Bibliografische Information der Deutschen Nationalbibliothek:**

Die Deutsche Bibliothek verzeichnet diese Publikation in der Deutschen National-
bibliografie; detaillierte bibliografische Daten sind im Internet über http://dnb.d-
nb.de/ abrufbar.



**Impressum:**

Copyright © 2017 GRIN Verlag, Open Publishing GmbH
Druck und Bindung: Books on Demand GmbH, Norderstedt Germany
ISBN: 9783668436060

**Dieses Buch bei GRIN:**

http://www.grin.com/de/e-book/358869/wie-lebt-es-sich-als-jugendlicher-mit-lakto-
seintoleranz

Felix Schröder

# Wie lebt es sich als Jugendlicher mit Laktoseintoleranz?

GRIN Verlag

# Inhaltsverzeichnis

## 1. Einleitung

Schokolade, Pudding, ein Stück Torte, eine Kugel Eis mit Schlagsahne. All dies sind Süßspeisen, die viele Menschen in Deutschland und Mitteleuropa als äußerst schmackhaft empfinden und gerne als Nach-tisch oder einfach mal zwischendurch verzehren. Bei einem guten Drei-Gänge-Menü darf solch ein süßer Abschluss nicht fehlen. Doch nicht alle Menschen können einen problemlosen Genuss der oben genann-ten Sachen verspüren: Menschen mit Laktoseintoleranz. Auch wenn es geschmacklich für jene keinen Unterschied gibt, müssen sie nach dem Konsum in den darauf folgenden Stunden mit unangenehmen Be-schwerden wie Bauchschmerzen, Blähungen oder Durchfällen kämpfen.

Nicht jeder Bürger in Deutschland oder Mitteleuropa ist gut über das Thema Laktoseintoleranz informiert, vor allem dann nicht, wenn im engen Freundeskreis keine davon betroffene Person ist.

Erstaunlich ist dann die Information, dass über die Hälfte der Weltbevölkerung von einer Laktoseintoleranz, also ei-ner Milchzuckerunverträglichkeit, betroffen ist.[1] Während in Deutschland etwa 15 Prozent der Bevölke-rung darunter leiden, sind es in Südostasien über 90 Prozent[2] (Abbildung 1). Mit einer solchen Unverträg-lichkeit müssen Betroffene, manche mehr, manche weniger auf Milch und Milchprodukte verzichten. Darüber hinaus gibt es allerdings noch weitere, kritisch verträgliche Lebensmittel.

Ich werde in dieser Facharbeit darauf eingehen, wie es sich als Jugendlicher mit einer Laktoseintoleranz lebt. Dies unterscheidet sich allerdings erheblich von Erdteil, in dem man lebt, Alter und dem Grad der Unverträglichkeit. Deshalb gehe ich hier von einer überdurchschnittlich stark betroffenen jugendlichen Person, die in Mitteleuropa lebt, aus. Was „stark betroffen" konkret bedeutet, werde ich in der Arbeit genauer erläutern. Die Idee, über dieses Thema meine Facharbeit zu schreiben, habe ich dadurch bekommen, dass ich selbst seit ein paar Jahren von einer starken Laktoseintoleranz betroffen bin. Durch viele, vor allem aber negati-ve Erfahrungen und Erlebnisse im Zusammenhang mit der Unverträglichkeit, bekam ich Interesse, mich damit genauer auseinanderzusetzen und darüber meine Facharbeit zu schreiben. Der Hauptteil, in dem ich die Leitfrage behandeln werde, besteht sowohl aus eigenen Erfahrungen, als auch aus Informationen von Literaturquellen.


## 2. Biologische Ebene

### 2.1. Gründe und Folgen

Die Ursache für die Laktoseintoleranz eines Menschen liegt im Darm, genauer genommen im Dünndarm. Hier wird der Milchzucker normalerweise verdaut.

---

[1] Vgl.: Zechmann, Michael: Laktose. Weltweite Verteilung.
URL: http://www.nahrungsmittel-intoleranz.com/laktoseintoleranz-informationen-symptome/ethnische-betrachtung-laktoseintoleranz.html (01.02.2017, 15:17 Uhr).
[2] Vgl.: Schocke, Sarah: Laktose-Intoleranz. Beschwerdefrei genießen. 1. Auflage. Gräfe und Unzer Verlag GmbH, 2009. Seite 10.

Laktose ist ein sogenannter Zweifachzucker, der aus den Einfachzuckern Glukose (Traubenzucker) und Galaktose (Schleimzucker) besteht[3]. Bei Menschen, die Laktose vertragen, spaltet das Enzym Laktase, ein Eiweiß, welches in der Dünndarmschleimhaut gebildet wird, den Milchzucker in die beiden Einzelzucker auf[4] (Abbildung 2 und 3).

Bei Menschen mit Laktoseintoleranz produziert der Körper entweder gar nicht oder in nur sehr geringer, nicht ausreichender Menge das Enzym Laktase. Wenn das Enzym nicht ausreichend vorhanden ist, kann der Milchzucker im Dünndarm nicht oder nicht vollständig aufgespalten werden und gelangt dadurch als Zweifachzucker in den Dickdarm (Abbildung 3), wo er durch Darmbakterien unter Gasbildung vergoren wird. Dabei entstehen die Gase Methan ($CH_4$), Kohlenstoffdioxid ($CO_2$) und Wasserstoff ($H_2$), sowie organische Säuren und kurzkettige Fettsäuren[5]. Dieser Prozess wird für den Menschen mit Unverträglichkeit spürbar: Völlegefühl, Bauchschmerzen, laute Darmgeräusche und Blähungen sind die Folgen von Speisen mit hohem Laktosegehalt.[6] Ebenfalls kann das hohe Vorkommen an nicht aufgespaltenem Zweifachzucker im Dickdarm für einen vermehrten Wassereinstrom im Dickdarm sorgen, da durch Milchsäure und verschiedene Fettsäuren Wasser per Osmose in den Darm gezogen wird. Das Wasser verflüssigt den Stuhl, das Resultat daraus und ein somit weiteres Symptom ist Durchfall.[7]

Je geringer die Laktaseproduktion im Körper ist, umso höher ist der Grad der Laktoseintoleranz. Je höher der Grad ist, desto mehr muss die betroffene Person auf Laktose, Milch und milchhaltige Produkte verzichten. Ein weiteres Symptom, das eher selten auftaucht, ist Übelkeit, gelegentlich sogar mit Erbrechen und Verstopfungen. Kopfschmerzen, Schwindel, Schlafstörungen, Schweißausbrüche und Gliederschmerzen sind Beispiele für Symptome außerhalb des Darm-Trakts, die ebenfalls in seltenen Fällen auftreten können. Wie die Laktoseintoleranz solche Beschwerden auslösen kann, ist noch unklar. Eine Vermutung ist, dass die bakterielle Zersetzung der Laktose im Dickdarm giftige Stoffwechselprodukte erzeugt, die ins Blut gelangen und von dort aus an verschiedenen Körperstellen Probleme verursachen.[8]

### 2.1.1. Die primäre Laktoseintoleranz

Die primäre Laktoseintoleranz, auch der primäre Laktasemangel genannt, ist die häufigste Ursache für die Laktoseintoleranz eines Menschen. Da Milchzucker auch in der normalen Muttermilch vorhanden ist, können fast alle Säuglinge diesen auch verdauen, sprich, das Enzym Laktase ist im Körper vorhanden und wird produziert. Bei manchen Babys nimmt die Produktion nach der Stillperiode genetisch bedingt konti-

---


[3] Vgl.: Fritzsche, Doris: Laktose-Intoleranz, 1. Auflage. München: Gräfe und Unzer Verlag GmbH, 2009. Seite 15.
[4] Vgl.: Schocke, Sarah: Laktose-Intoleranz. Beschwerdefrei genießen. Seite 6.
[5] Vgl.: Fritzsche, Doris: Laktose-Intoleranz. Seite 20.
[6] Vgl.: Grosser, Marian: Laktoseintoleranz - Symptome.
URL: http://www.netdoktor.de/krankheiten/laktoseintoleranz/symptome/ (23.01.2017, 21:49 Uhr).
[7] Ebd.
[8] Vgl.: Grosser, Marian: Laktoseintoleranz - Symptome.
URL: http://www.netdoktor.de/krankheiten/laktoseintoleranz/symptome/ (23.01.2017, 21:49 Uhr).

nuierlich ab. Die Produktion kann ebenfalls im Kindes-, Pubertäts-, oder Erwachsenenalter abnehmen und dann für eine Laktoseintoleranz sorgen. Der primäre Laktasemangel ist also das Resultat eines normalen Alterungsprozesses[9], das auch bei Tieren zu finden ist: Bei Hunden kann sich eine primäre Laktoseintoleranz entwickeln, die, genau wie beim Menschen, auf einen Enzymmangel zurückzuführen ist und für Blähungen und Durchfälle sorgt.[10] Auch bei Katzen ist es ähnlich. Im jungen Alter produzieren sie das Laktaseenzym, da sie von der Mutter gesäugt werden und den in der Milch enthaltenen Milchzucker verdauen können. Anschließend nimmt die Laktaseproduktion bei allen heranwachsenden Katzen ab. „Das liegt daran, dass Säugetiere normalerweise nicht darauf ausgerichtet sind, ihr ganzes Leben lang Milch zu trinken."[11] Deshalb sollten Katzen keine Kuhmilch trinken. Spezielle Katzenmilch ist immer laktosereduziert.[12]

### 2.1.2. Die sekundäre Laktoseintoleranz

Darmerkrankungen wie zum Beispiel Morbus Crohn und Zöliakie[13], Magen- und Darminfektionen oder Antibiotikabehandlungen können einen sekundären Laktasemangel hervorrufen. Durch die Zerstörung der Darmschleimhautzellen kann die Laktaseproduktion und daraus resultierend die Verträglichkeit von Milchzucker eingeschränkt werden. Nach einer erfolgreichen Behandlung der Grunderkrankung oder Infektion und einer Ausheilung der Darmschleimhautzellen wird in den meisten Fällen wieder Laktase produziert, das heißt, diese Form der Laktoseintoleranz ist grundsätzlich nur temporär.[14]

### 2.1.3. Die angeborene Laktoseintoleranz

Der angeborene Laktasemangel ist eine Stoffwechselerkrankung und wird auch als „Alaktasie" bezeichnet. Diese Krankheit kommt sehr selten vor ist auf einen Gendefekt zurückzuführen, um den es sich bei der primären Laktoseintoleranz genau genommen nicht handelt (siehe 3. – Geschichte und Entwicklung). Betroffene Menschen haben hier von Geburt an, also auch schon als Baby, keine Laktaseproduktion. Dadurch können sie keine Muttermilch aufnehmen, ohne dass sie direkt nach der Geburt Durchfallerscheinungen bekommen. Hier muss eine strikt laktosefreie Ernährung eingehalten werden.[15]

---


[9] Vgl.: Schocke, Sarah: Laktose-Intoleranz. Beschwerdefrei genießen. Seite 10.

[10] Vgl.: Hundefutter-Tests.net: Laktoseintoleranz bei Hunden. URL: https://www.hundefutter-tests.net/hundefutter-blog/laktoseintoleranz-bei-hunden (03.02.2017, 01:02 Uhr).

[11] Vgl.: Schulz, Elena: Dürfen Katzen Milch trinken? URL: http://www.ausliebezumhaustier.de/katzen-ernaehrung/duerfen-katzen-milch-trinken (16.01.2017, 21:50 Uhr).

[12] Vgl.: Muders, Alexandra: Laktoseintoleranz bei Katzen. URL: http://www.helpster.de/laktoseintoleranz-bei-katzen_179669 (16.01.2017, 21:50 Uhr).

[13] Glutenunverträglichkeit.

[14] Vgl.: Fritzsche, Doris: Laktose-Intoleranz. Seite 22f.

[15] Ebd. Seite 23.

## 3. Geschichte und Entwicklung der Laktoseintoleranz

Wissenswert ist es, dass vor vielen Millionen Jahren jeder lebende Mensch primär laktoseintolerant war. Säuglinge konnten die Muttermilch zwar schon immer verdauen, vorausgesetzt, sie litten nicht an einer angeborenen Laktoseintoleranz, doch die Abnahme der Laktaseproduktion nach der Stillperiode oder im Kindesalter war bei jedem Menschen vorhanden. Wie die meisten anderen Säugetiere waren die Menschen nicht darauf ausgerichtet, Milch zu konsumieren und Milchzucker zu verdauen. Mit dem Beginn der Viehzucht und Landwirtschaft und dem damit verbundenen Melken und Konsumieren von Kuhmilch entstand über mehrere tausend Jahre bei einigen Menschen eine Genmutation, welche dafür sorgt, dass der heranwachsende Mensch noch weiterhin das Enzym Laktase produziert. Es ist also eine Genmutation, die es heute rund 80 Prozent der mitteleuropäischen Bevölkerung möglich macht, Milch und Milchprodukte beschwerdefrei zu sich zu nehmen.[16] Auch Ötzi die Gletschermumie, die im Jahr 1991 in Südtirol gefunden wurde, war laktoseintolerant. Dies fanden Wissenschaftler bei diversen DNA-Untersuchungen heraus.[17]

In Mitteleuropa hat sich diese Mutation weitestgehend verbreitet, sodass dort eine starke Minderheit von einer Unverträglichkeit betroffen ist. In Gebieten wie Afrika oder Südostasien ist die Mutation nur sehr gering angekommen. Dort können 80-98 Prozent der Bevölkerung den Milchzucker nicht verdauen (Abbildung 1). In diesen Erdteilen wird dadurch weitestgehend auf Kuhmilch als Nahrungsmittel verzichtet. In der südostasiatischen Küche zum Beispiel findet man daher so gut wie keine Milchprodukte oder Lebensmittel aus Milcherzeugnissen. Meistens wird dort Kokosmilch verwendet.[18]


## 4. Diagnosen

### 4.1. Blutzuckertest

Eine Möglichkeit, eine Laktoseintoleranz zu diagnostizieren, ist die Durchführung eines Blutzuckertests. Dabei wird dem Patienten oder dem vermutlich Betroffenen eine bestimmte Menge an in Wasser gelöster Laktose, meistens 25 bis 50 Gramm, überreicht. Bei der Person werden zunächst die Blutzuckerwerte gemessen, anschließend führt sie die gelöste Laktosekonzentration oral ein. Ab dann werden alle 30 Minuten die Blutzuckerwerte gemessen. Wie bereits erwähnt, wird bei Menschen, die Laktose problemlos verdauen können, diese im Dünndarm zu Glukose und Galaktose aufgespalten (siehe 1.1.). Die beiden

---


[16] Vgl.: laktoseintoleranz.de: Geschichte der Laktoseintoleranz.
URL: http://www.laktoseintoleranz.de/geschichte-der-laktoseintoleranz/ (20.12.2016, 22:44 Uhr) und
Zeibig, Daniela: Verträglichkeit für Milchzucker entstand überraschend spät.
URL: http://www.spektrum.de/news/vertraeglichkeit-fuer-milchzucker-entstand-ueberraschend-spaet/1314527 (03.02.2017, 01:07 Uhr).
[17] Vgl.: ZEIT ONLINE: Ötzi litt an Laktose-Intoleranz. URL: http://www.zeit.de/wissen/geschichte/2012-02/oetzi-forschung-krankenakte (23.01.2017, 22:34 Uhr).
[18] Vgl.: mitohnekochen.com: Laktoseintoleranz im Alltag.
URL: http://www.mitohnekochen.com/lactose/laktoseintoleranz-im-alltag/ (23.01.2017, 22:43 Uhr).

Moleküle werden resorbiert und gelangen über den Dünndarm in die Blutbahn, wodurch der Blutzucker-spiegel steigt. Sollte sich bei dem Test die Menge des Blutzuckers des Patienten nicht deutlich erhöhen, ist dies die Diagnose für eine Laktoseintoleranz.[19] Allerdings sind die Werte genauer, wenn man einen Wasserstoffatemtest (siehe 4.2.) durchführt. Dieser ist meistens die erste Wahl, da der Blutzuckertest bei zuckerkranken Menschen eventuell verfälschte Werte aufweist.

## 4.2. Wasserstoffatemtest

Der Wasserstoffatemtest oder $H_2$-Atemtest ist die am häufigsten angewandte Möglichkeit, um eine Lakto-seintoleranz zu diagnostizieren.[20] Dabei wird der betroffenen Person, genau wie beim Blutzuckertest, eine Laktosekonzentration überreicht, die sie dann trinkt. Vorher wird mit einem speziellen Messgerät die Menge des Wasserstoffes in der Atemluft der betroffenen Person gemessen. Da bei Menschen mit einer Milchzuckerunverträglichkeit der Zweifachzucker unverdaut in den Dickdarm gelangt und dort von den Bakterien der Darmflora zersetzt wird, entsteht Wasserstoff, welcher schnell ins Blut aufgenommen und anschließend über die Lungen abgeatmet wird. Die Person pustet bei Durchführung des Testes alle 30 Minuten in das Messgerät. Sollte ein stetiger Anstieg der Wasserstoffmenge gemessen werden, ist es ein Beweis dafür, dass die Person keinen Milchzucker verträgt. Der Wasserstoffatemtest funktioniert auch zum Diagnostizieren einer Fruchtzucker-Unverträglichkeit.[21]

## 4.3. Gentest

Bei einem Gentest wird ein Stück von der Wangenschleimhaut oder eine Blutprobe der betroffenen Per-son entnommen und anschließend in einem Labor untersucht. Anhand der Genetik kann allerdings ledig-lich eine primäre Laktoseintoleranz festgestellt werden. Bei einer sekundären Unverträglichkeit durch eine Verletzung der Darmschleimhaut (siehe 2.1.2.) fällt der Test negativ aus.[22] Hinzu kommt, dass man-che Krankenkassen die anfallenden Kosten nicht übernehmen.[23] Deshalb wird dieser aufwändige Test eher weniger empfohlen.

## 4.4. Biopsie

Bei einer Biopsie wird eine Gewebeprobe aus dem Dünndarm der betroffenen Person entnommen. Im Labor kann anhand des Darmgewebes erkannt werden, wie aktiv die dort vorhandene Laktase ist. Das

---

[19] Vgl.: Grosser, Marian: Laktoseintoleranz-Test.
URL: http://www.netdoktor.de/krankheiten/laktoseintoleranz/test/ (20.12.2016, 22:37 Uhr).
[20] Ebd.
[21] Vgl.: Nicol, Philipp: H2-Atemtest. URL: http://www.netdoktor.de/diagnostik/h2-atemtest/ (23.01.2017, 23:01 Uhr).
[22] Vgl.: Grosser, Marian: Laktoseintoleranz-Test.
URL: http://www.netdoktor.de/krankheiten/laktoseintoleranz/test/ (20.12.2016, 22:38 Uhr).
[23] Vgl.: Schocke, Sarah: Laktose-Intoleranz. Beschwerdefrei genießen. Seite 13.

Ergebnis ist zwar eindeutig, aber der Aufwand ist äußerst hoch. Deshalb wird die Biopsie eher selten angewandt.[24]

Bei einem positiven Ergebnis eines Tests, bei dem Milchzucker oral eingenommen wird, sollte zusätzlich darauf geachtet werden, ob bei dem Patienten Beschwerden auftreten. Treten keine zusätzlichen Beschwerden auf, liegt laut Definition auch keine Laktoseintoleranz vor, auch wenn das Testergebnis positiv ist.[25]

## 5. Behandlung

Da eine Laktoseintoleranz keine Krankheit, sondern lediglich eine Nahrungsmittelunverträglichkeit ist, ist sie nicht heilbar.[26] Eine Ausnahme bildet hier die sekundäre Laktoseintoleranz (siehe 2.1.2.), die bei Heilung der zugehörigen Darmkrankheit meistens zurückgeht. Ebenfalls hat die Milchzuckerunverträglichkeit nichts mit einer Allergie, wie zum Beispiel einer Milchallergie, bei der der Körper gegen Kuhmilcheiweiß allergisch reagiert, zu tun. Während eine Allergie mit einer Reaktion des Immunsystems verbunden ist, sind bei einer Nahrungsmittelunverträglichkeit die fehlenden Enzyme im Darm die Ursache.[27]

Nach der Diagnose ist es eine wichtige Maßnahme, die Ernährung anzupassen. Eine Möglichkeit dafür ist die Durchführung des Drei-Phasen-Programms. Es besteht aus der Karenzphase, in der man komplett auf Laktose verzichtet und beschwerdefrei lebt, der anschließenden Testphase, in der man die individuell verträgliche Laktosemenge ermittelt und schlussendlich der dauerhaften Ernährungsumstellung, ab der man die aus der Testphase angewöhnte Ernährung dauerhaft beibehält.[28] Die individuelle Verträglichkeitsgrenze von Laktose kann, insbesondere bei einer konsequenten Milchzucker-Diät, höher werden.[29]

## 5.1. Gegenmittel

Neben einer diätetischen Therapie gibt es noch die Möglichkeit, dem Körper Laktase oral zuzuführen. Dies bezeichnet man als Enzymersatztherapie.

In Drogeriemärkten oder Apotheken gibt es das Enzym Laktase in Form von Tabletten (Abbildung 4), als Pulver oder als Tropfen zu kaufen. Durch Einnahme mit oder ohne Zusatz von Wasser während oder unmittelbar nach einer laktosehaltigen Mahlzeit kann diese Laktase helfen, milchzuckerhaltige Produkte im

---

[24] Vgl.: Grosser, Marian: Laktoseintoleranz-Test.
URL: http://www.netdoktor.de/krankheiten/laktoseintoleranz/test/ (20.12.2016, 22:38 Uhr).
[25] Ebd.
[26] Vgl.: Schick, Regina; von der Eltz, Christiane: Behandlung von Laktoseintoleranz.
URL: http://www.meine-gesundheit.de/laktoseintoleranz/behandlung-von-laktoseintoleranz
(23.01.2017, 23:29 Uhr).
[27] Vgl.: Schocke, Sarah: Laktose-Intoleranz. Beschwerdefrei genießen. Seite 8.
[28] Ebd. Seite 22ff.
[29] Ebd. Seite 24.

Darmtrakt zu verdauen. Allerdings hilft dieses Mittel nicht bei jedem Betroffenen. Aus eigener Erfahrung habe ich bei mir festgestellt, dass solche Tabletten gelegentlich helfen und nur manchmal Beschwerden verhindern. Die Menge des Enzyms pro Tablette wird in der Einheit FCC, was für „Food Chemical Codex" steht, angegeben.

Pauschal kann man sagen, dass 1000 FCC-Einheiten fünf Gramm Milchzucker aufspalten können.[30]


## 6. Spezielle Ernährung im Alltag

Je nach Grad der Laktoseunverträglichkeit sollte der Betroffene auf einige Lebensmittel und Produkte, die Mitteleuropäer mehr oder weniger alltäglich konsumieren, verzichten. Ein Laktosegehalt von unter einem Gramm auf 100 Gramm Inhalt ist in den meisten Fällen problemlos verträglich.[31] Deutlich über dieser Grenze und damit kritische Produkte sind beispielsweise Vollmilchschokolade, Speiseeis, Nussnugatcremes, Frischkäse, Milchreis, Grießbrei, diverse Puddings und Weitere (Abbildung 5).

Eine Hilfe für Menschen mit Laktoseintoleranz und sonstigen Allergien oder Unverträglichkeiten ist die seit Dezember 2014 geltende Richtlinie zur Lebensmittelkennzeichnung innerhalb der Europäischen Union. Diese Richtlinie schreibt vor, die 14 Zutaten, die am häufigsten Lebensmittelallergien auslösen, deutlich sichtbar, meist durch fettgedruckte oder unterstrichene Buchstaben, hervorzuheben[32] (Abbildung 7). Dazu gehören auch milch- und laktosehaltige Bestandteile.


## 6.1. Sonderfall Joghurt und Käse

Sauermilchprodukte wie zum Beispiel Joghurt bilden bei der Unverträglichkeit eine Ausnahme. Joghurt wird von den meisten Menschen mit Laktoseintoleranz vertragen, vorausgesetzt, es wurden keine Bestandteile mit viel Laktose, wie zum Beispiel Milchpulver, zugegeben.[33] Die Verträglichkeit ist auf die im Joghurt enthaltenen Milchsäurebakterien zurückzuführen, welche im Inneren des Zellkörpers Laktase-Enzyme enthalten und bereits bei der Herstellung Teile der Laktose aufspalten.[34]

Neben Joghurt gibt es viele Käsesorten, die laktosefrei sind. Der Laktosegehalt einer Käsesorte ist grundsätzlich vom Reifungsgrad abhängig.[35] Je länger ein Käse reift, umso weniger Laktose enthält er.[36] Daher gibt es viele Käsesorten, die für Menschen mit Laktoseintoleranz problemlos genießbar sind (Abbildung 5 und 6).

---


[30] Vgl.: Zechmann, Michael: Laktase Präparate.
URL: http://www.nahrungsmittel-intoleranz.com/laktoseintoleranz-informationen-symptome/behandlung-laktoseunvertraeglichkeit/laktase-produkte-enzym-fcc.html (23.01.2017, 23:25 Uhr).
[31] Vgl.: Schleip, Thilo: Laktose-Intoleranz. Wenn Milchzucker krank macht. 5. Auflage. Stuttgart: TRIAS Verlag in Medizinverlage Stuttgart GmbH & Co. KG, 2005. Seite 86f.
[32] Vgl.: Schocke, Sarah: Laktose-Intoleranz. Beschwerdefrei genießen. Seite 14.
[33] Vgl.: Schleip, Thilo: Laktose-Intoleranz. Wenn Milchzucker krank macht. Seite 86.
[34] Ebd.
[35] Ebd. Seite 89.
[36] Vgl.: Schleip, Thilo: Laktose-Intoleranz. Wenn Milchzucker krank macht. Seite 89.

Ebenfalls enthält Butter relativ geringe Mengen an Laktose (circa 0,6 Gramm pro 100 Gramm), obwohl sie aus dem Rahm der Milch hergestellt wird. Da Butter zusätzlich in geringen Mengen konsumiert wird, ist diese grundsätzlich gut verträglich.[37]


## 6.2. Milch-Alternativen

Damit Menschen mit Laktoseintoleranz auch Milch trinken können, wird von vielen Marken laktosefreie Milch angeboten. Das Wort „laktosefrei" stimmt hier wie bei dem Wort „alkoholfreies Bier" nicht komplett: diese Milch enthält nicht 0,0 Prozent Laktose, genauso wie ein alkoholfreies Bier  in den meisten Fällen zwischen 0,2 und 0,5 Volumenprozent Alkohol enthält.[38] Der Milchzucker kann nicht zu 100 Prozent aus der Milch genommen werden. Das Wort „laktosefrei" bedeutet genau genommen, dass ein Produkt ungefähr 0,1 Prozent Milchzucker enthält, also 0,1 Gramm auf 100 Gramm Inhalt, was aber, wie bereits erwähnt, auch für hochgradig laktoseintolerante Menschen keinerlei Beschwerden erfolgen lässt.

Beim bekanntesten Verfahren, laktosefreie Milch herzustellen, wird der Milch das laktoseaufspaltende Enzym Laktase zuzugeben. Das Enzym kann aus Schimmelpilzen oder Hefen gewonnen werden. In der Milch geschieht dann das, was bei Menschen, die Milchzucker vertragen, im Darm abläuft: das Enzym Laktase spaltet die Laktose in die Einfachzucker Glukose und Galaktose auf. Diese beiden Einfachzucker haben eine stärkere Süßkraft als Laktose, deshalb schmeckt laktosefreie Milch merkbar etwas süßer als normale Milch.[39]

Weitere Alternativen neben der milchzuckerfreien Kuhmilch sind Soja- und Reisdrinks, die komplett pflanzlich hergestellt werden und dadurch absolut laktosefrei sind. Die Information „vegan", die auf solchen Produkten deutlich zu sehen ist, kann ebenfalls eine Hilfe für Menschen mit Laktoseintoleranz sein, da man sofort erkennt, dass das Produkt keine Laktose enthält und somit komplett verträglich ist.


## 6.3. Positive und negative Aspekte

Zum Thema Ernährung im Alltag habe ich einen zweiwöchigen Selbstversuch durchgeführt, in dem ich mich strikt laktosefrei ernährt habe. In der ersten Woche habe ich zusätzlich auf alle Produkte, die 0,1 Gramm Laktose pro 100 Gramm Inhalt enthalten, verzichtet, wodurch keinerlei Milchprodukte zu meiner Ernährung gehörten. Auch auf Produkte, in denen Spuren von Laktose enthalten sind, habe ich verzichtet. In der zweiten Woche habe ich speziell „laktosefrei"-hergestellte Produkte in meine Ernährung aufgenommen (Abbildung 8). Ein dokumentiertes Ernährungstagebuch befindet sich im Anhang.

---

[37] Ebd. Seite 90.
[38] Vgl.: FOCUS ONLINE: Alkoholfreies Bier (0,5 Vol.-%).
URL: http://www.focus.de/gesundheit/ernaehrung/gesundessen/tid-21566/alkohol-alkoholfreies-bier-0-5-vol-_aid_605508.html (23.01.2017, 23:38 Uhr).
[39] Vgl.: Dittrich, Kathi: Wie wird laktosefreie Milch hergestellt? URL: https://www.ugb.de/exklusiv/fragen-service/wie-wird-laktosefreie-milch-hergestellt/?laktose-milchzucker (16.01.2017, 22:24 Uhr).

Erwähnenswert ist, dass man bei einer laktosefreien Ernährung nicht nur auf Milch- und Milchprodukte verzichten muss, sondern auch auf diverse Lebensmittel, die versteckte Laktose enthalten (Abbildung 9). Dazu gehören häufig Aromen, Backmischungen, Fertiggerichte, Tiefkühlzubereitungen, Gewürzmischungen und Weitere.[40] Milchzucker ist häufig ein Zutatenbestandteil solcher Produkte, da dieser auf mehreren Ebenen in der Lebensmittelherstellung nützlich sein kann (Abbildung 10). Außerdem wird Laktose oft als Trägermaterial in Medikamenten eingesetzt. In den meisten Medikamenten sind diese Mengen gering und gut verträglich, in wenigen können aber auch hohe Mengen enthalten sein, auf die man als Betroffener einer Laktoseintoleranz achten sollte.[41]

Bei meiner Ernährung, vor allem aber während der zwei Wochen, in denen ich den Selbstversuch durchführte, habe ich speziell auf die Zutatenliste meiner Nahrungsmittel geachtet. Eine Diät, die nur Milch- und Milchprodukte ausschließt, hilft in den meisten Fällen noch nicht zu einer Verhinderung der Beschwerden.


Ein durchaus positiver Aspekt der Ernährung ohne Milchprodukte ist, dass man auf viele Produkte verzichtet, die große Mengen an Fett und Kohlenhydraten enthalten. Dieses Verzichten kann in gewisser Weise zu einer gesünderen Ernährung führen, bei denen Nahrungsmittel wie Eis, Schokolade, Kuchen und diverse Gebäckspezialitäten gar nicht oder nur selten eingenommen werden. Wenn man nicht viel Sport treibt, kann eine Laktoseintoleranz durch konsequentes Verzichten auf milchhaltige Produkte helfen, eine schlanke Körperfigur beizubehalten. Wichtig dabei ist, den Kalziumhaushalt des Körpers durch andere Lebensmittel oder in Form von Tabletten aufrecht zu halten. Kalziummangel kann zu einer Minderung der  Knochenfestigkeit und einer erhöhten Gefahr von Knochenbrüchen führen.[42] Die erste Woche meines Selbstversuches hat mich außerdem feststellen lassen, dass man auch trotz einer Laktoseintoleranz ein großes Spektrum an schmackhaften Nahrungsmitteln, die verträglich sind, hat. Es hat geholfen, dass ich mich mit der Intoleranz ein wenig mehr abfinden konnte.


Nach der zweiten Woche meines Selbstversuches, in der ich viele laktosefrei-hergestellte Produkte wie Pudding, Joghurts, Schokoriegel und Drinks ausprobiert habe, die geschmacklich keinen merkbaren Unterschied zu laktosehaltigen dergleichen hatten, stellte sich ein problematischer Nachteil heraus: Laktosefrei-hergestellte Produkte sind merkbar teurer als normale, milchzuckerhaltige Molkereiprodukte (Abbildung 11). Eine Marktanalyse der Verbraucherzentrale Hamburg, bei der 24 laktosefreie Lebensmittel ge-

---


[40] Vgl.: Schocke, Sarah: Laktose-Intoleranz. Beschwerdefrei genießen. Seite 19.
[41] Ebd. Seite 28.
[42] Vgl.: Schocke, Sarah: Laktose-Intoleranz. Beschwerdefrei genießen. Seite 24.

testet wurden, bestätigte dies: „Der Test ergab, dass Menschen, die an Laktoseintoleranz leiden, durchschnittlich 2,4-mal so viel (Geld) für entsprechende Lebensmittel zahlen müssen."[43]

Zum einen liegt es daran, dass der Produktionsaufwand der laktosereduzierten Lebensmittel höher und teurer ist. Auf der anderen Seite kommt hinzu, dass die Nachfrage für solche Produkte seitens der Konsumenten nicht so hoch ist. Die gewöhnlichen, milchzuckerhaltigen Lebensmittel werden viel häufiger gekauft als die laktosefreien. Ferner ist zu beachten, dass diese Molkereiprodukte aus dem Kühlregal nach der Herstellung nicht allzu lange haltbar sind. Für Discounter und Supermärkte bedeutet das, laktosefreie Produkte, die nach Ablauf des Mindesthaltbarkeitsdatums nicht verkauft wurden, wegzuschmeißen, nachdem sie bereits preislich reduziert wurden.[44]

Der aus den genannten Gründen resultierende Preisunterschied ist durchaus nachvollziehbar, allerdings ist es sowohl subjektiv, als auch objektiv gesehen ein wenig „ungerecht", dass Menschen, die von einer Laktoseintoleranz, für die sie nichts können, betroffen sind, mehr oder weniger dazu verurteilt sind, deutlich mehr Geld für Molkereiprodukte zu zahlen. Ähnlich ist es auch mit den Laktase-Präparaten, die in Drogeriemärkten oder Apotheken erhältlich sind. Als laktoseintoleranter Mensch kann man zwar auf diese verzichten, denn noch können sie sehr praktisch sein. Auch hier muss man investieren: Für 40 extra hoch dosierte Tabletten mit 15 000 FCC-Einheiten, von denen ein hochgradig laktoseintoleranter Mensch wie ich eine oder zwei pro laktosehaltiger Mahlzeit einnehmen sollte, betragen die Kosten zwölf bis fünfzehn Euro.[45]

## 7. Persönliche Auswirkungen

### 7.1. Der Weg zur Diagnose

„Mein Arzt hat mich mit der Diagnose ‚Reizdarm' abgespeist."[46] Nicht selten passiert es, dass es einen längeren Zeitraum beansprucht, die Diagnose „Laktoseintoleranz" zu bekommen und somit eine Erklärung für gelegentliches Auftreten von Bauchschmerzen und Durchfällen zu erhalten. Grundsätzlich dauert es eine gewisse Zeit, erstmals einen Arzt wegen der genannten Symptome aufzusuchen, da man sich mit diesen nicht krank fühlt und in den meisten Fällen zunächst mit den Beschwerden abfindet[47]. (Meine eigenen Erfahrungen entsprechen ziemlich genau dem Fall, den Thilo Schleip in seiner Monographie schildert). Wenn es nach Wochen oder Monaten zum ersten Arztbesuch gekommen ist und das Problem bezüglich der Beschwerden geschildert wird, schlägt der Arzt in vielen Fällen zunächst die Durchführung

---

[43] Vgl.: Zechmann, Michael: Abzocke mit laktosefreien Produkten. URL: http://www.nahrungsmittel-intoleranz.com/nmi-blog/1089-abzocke-mit-laktosefreien-produkten.html (23.01.2017, 20:24 Uhr).
[44] Aus eigener Erfahrung.
[45] Aus eigener Erfahrung.
[46] Vgl.: Onleihe.de: Thilo Schleip: „Wenn Milchzucker krank macht", Online-PDF.
URL: http://www.onleihe.de/static/content/thieme/20101005/978-3-8304-3936-3/v978-3-8304-3936-3.pdf (03.02.2017, 01:19 Uhr).
[47] Vgl.: Schleip, Thilo: Laktose-Intoleranz. Wenn Milchzucker krank macht. Seite 17.

eines Ultraschalls, eine Blutabnahme oder die Analyse einer Stuhlprobe vor[48]. Diese Maßnahmen benötigen einen neuen Termin und anschließende Bearbeitungs- und Auswertungszeit. Das bedeutet für den Patienten weitere Wochen mit auftretenden, unangenehmen Beschwerden ohne Gewissheit. Das Ergebnis der Stuhlprobe eines gesunden, laktoseintoleranten Menschen liefert keine genaueren Erklärungen für die Beschwerden. Genauso ist es beim Ergebnis des Ultraschalls und der Blutanalyse.[49]

Ein Problem, das den Prozess der Diagnose erschwert, ist die Tatsache, dass sich der für die Beschwerden verantwortliche Laktasemangel sehr langsam verschärft.[50] „Die Symptome stellen sich daher nicht von heute auf morgen ein, sondern entwickeln sich schleichend über einen Zeitraum von vielen Jahren. Das macht es auch den Betroffenen so schwer, sie von Anfang an als Gesundheitsstörungen wahrzunehmen."[51]

Natürlich kommt es nicht bei allen Ärzten zu solch langfristigen Prozessen in Bezug auf die Diagnose. Es gibt auch Mediziner, die relativ schnell auf die Idee einer Lebensmittelunverträglichkeit kommen.

Sowohl bei dem Fallbeispiel in Schleips Werk, als auch bei mir schoben die Ärzte die Schmerzen und Durchfälle auf die Psyche und gaben den Rat, in den nächsten Wochen psychische Belastungen möglichst zu verringern. Doch dies bringt keinerlei Veränderungen mit sich. Bei mir wurde vom Arzt nach den bis dahin ergriffenen Maßnahmen eine Gastroskopie[52] empfohlen und einige Wochen später durchgeführt, doch diese blieb ebenfalls ergebnislos. Hiernach endete die ärztliche Behandlung vorerst und die Symptome traten in den nächsten Monaten weiterhin auf, welches auf ein weiteres Abfinden mit den Beschwerden und der Situation zurückzuführen ist. Erst ein halbes Jahr später bei einem nächsten Besuch empfahl der Hausarzt das Aufsuchen eines Kinderarztes, der sich mit den Problemen auseinandersetzen solle. Die Umsetzung dessen war möglich, da ich 13 Jahre alt war. Was der Arzt vorgeschlagen hätte, wenn ich bereits volljährig gewesen wäre, ist fraglich. Der Kinderarzt hingegen stellte sofort die Ernährung in Frage und gab den Auftrag, darüber ein Tagebuch zu führen. Beim nächsten Treffen nach ein paar Wochen, bei dem das Ernährungstagebuch abgegeben wurde, wurden zwei weitere Termine festgelegt, einer zum Laktose-$H_2$-Atemtest, und einer zum Fruktose-$H_2$-Atemtest am Folgetag. Der Laktose-Wasserstoffatemtest fiel positiv aus, der Fruktose-Test negativ. Somit dauerte die ärztliche Behandlung insgesamt elf Monate (von August 2012 bis Juli 2013), um eine klare Diagnose zu erhalten. Hinzu kommen anderthalb bis zwei Jahre (Zeitspanne wurde nicht dokumentiert), die ich mit Beschwerden und Durchfällen ohne Gewissheit lebte. Dies ist keine Seltenheit.[53]

---

[48] Ebd. Seite 16; aus eigener Erfahrung.
[49] Aus eigener Erfahrung.
[50] Vgl.: Schleip, Thilo: Laktose-Intoleranz. Wenn Milchzucker krank macht. Seite 17.
[51] Ebd.
[52] Magenspiegelung.
[53] Vgl.: Schleip, Thilo: Laktose-Intoleranz. Wenn Milchzucker krank macht. Seite 17.

## 7.2. Soziales Umfeld und psychische Folgen

Das Thema Laktoseintoleranz kann für eine betroffene Person in gewisser Weise eine unangenehme Sache sein. Je nach Alter und geistiger Reife der Menschen, die sich um einen stark laktoseintoleranten befinden und mit diesem speisen, sind gewisse Reaktionen zu hören. Reifere und ältere Menschen sprechen dabei gelegentlich Mitleid aus. Ein Teil der Jugendlichen oder gleichaltrigen tut dies ebenfalls, während ein anderer Teil sich ein Lachen, Sprüche oder sogar Beleidigungen nicht unterdrücken kann.[54] Ab und zu wird man von anderen ausgelacht, weil man auf gewisse Sachen verzichten muss. Ebenfalls kommt es nicht selten vor, dass man als Betroffener eine Erklärung für das Verzichten auf Sachen, die viele als Leckereien bezeichnen, haben muss. Nach der Aussage „Laktoseintoleranz" wissen die meisten Bescheid, dass es sich dabei um eine Problematik beim Verzehr von Milch- und Milchprodukten handelt. Häufig allerdings folgt die Frage, was denn passiere, wenn man als Betroffener Milchprodukte verzehrt.[55] Am ehrlichsten und dabei angenehmsten ist die einfache Antwort „(starke) Bauchschmerzen" oder „Magenkrämpfe". Die Antwort „Blähungen" oder „Durchfall" sind zum einen grundsätzlich unangenehm, vor allem für Menschen mit einem hohen Schamgefühl, und anderseits sind das Wörter, die eher wenig an einem Essenstisch verloren haben. Die gesellschaftliche Komponente macht es neben auftretenden Symptomen schwieriger:[56] Unangenehm riechende Blähungen hält man in der Gesellschaft anderer lieber zurück, was allerdings dazu führt, dass die Schmerzen nicht verschwinden – im Gegenteil, das Zurückhalten kann die Bauchschmerzen verschlimmern, da die Luft nicht entweichen kann und sich der Darm weiter dehnt.[57]

## 8. Auftreten der Symptome

Die Symptome wie Bauchschmerzen, Blähungen oder Durchfall können nach Konsum von milchzuckerhaltigen Produkten in verschiedensten Situationen auftreten.

Mal können sie unmittelbar (circa eine halbe Stunde) nach dem Verzehr einer laktosehaltigen Mahlzeit in Form von Darmgeräuschen und Blähungen auftreten, mal auch erst viele Stunden danach in Form von Durchfall.[58] Es gibt Faktoren, wie zum Beispiel Stress, Angst oder das Rauchen von Zigaretten, die Botenstoffe aktivieren, welche den Transport des Speisebreis beschleunigen, wodurch mehr Laktose in den Dünndarm gerät und die Symptome verschärft werden.[59]

In den zwei Jahren, in denen ich ohne Gewissheit einer Laktoseintoleranz lebte und nicht auf meine Ernährung achtete, wachte ich häufig mit Magenkrämpfen in der Nacht auf, mit denen ich nicht wieder ein-

---

[54] Aus eigener Erfahrung.
[55] Aus eigener Erfahrung.
[56] Vgl.: Grosser, Marian: Laktoseintoleranz - Symptome.
URL: http://www.netdoktor.de/krankheiten/laktoseintoleranz/symptome/ (24.01.2017, 17:59 Uhr).
[57] Ebd.
[58] Vgl.: Schocke, Sarah: Laktose-Intoleranz. Beschwerdefrei genießen. Seite 8.
[59] Ebd.

schlafen konnte, bevor ich nicht auf die Toilette gegangen bin. Die dabei störende Konsequenz, bis zu einer Stunde weniger Schlaf zu bekommen, kann in gewisser Weise trotzdem angenehmer sein, als tagsüber in unpassenden Situationen Magenkrämpfe, Blähungen oder Durchfallattacken zu bekommen. Wie bereits aufgegriffen, ist es in der Gesellschaft oder in der Anwesenheit anderer Menschen äußerst unangenehm, die Blähungen loszuwerden. Eine unkomplizierte Lösung ist, eine Toilette aufzusuchen, allerdings kann es bei überdurchschnittlich langen Toilettengängen ebenfalls unangenehm werden, wenn die lange Abwesenheit hinterfragt wird.

## 9. Außer-Haus-Verpflegung

### 9.1. Sonderverpflegung

Bei Seminaren, Freizeiten oder Kursfahrten, bei denen eine Gruppe gemeinsam in einer Herberge oder in einem Haus übernachtet und, insbesondere mittags, von der Küche vor Ort verpflegt wird, können spezielle Fälle auftreten. Grundsätzlich ist es als Sonderverpflegungsbedürftiger nicht viel schwieriger, als für alle anderen auch: Bei der Essensausgabe muss erwähnt werden, dass man laktosefreies Essen benötigt[60], vorausgesetzt, die Küche wurde vorzeitig von der Freizeit- oder Seminarleitung informiert, was bei mir bis jetzt immer klappte. Wenn man sich beim Frühstück oder Abendessen, das oft als Buffet mit Brot, Aufstrichen und Salaten angeboten wird, nicht sicher ist, ob bestimmte Lebensmittel laktosefrei sind, kann man bei der Küche nachfragen. Köche wissen in den meisten Fällen dank ihrer Ausbildung über jegliche Nahrungsmittelunverträglichkeiten Bescheid.[61] Man sollte mittags lieber einmal mehr hinterfragen, anstatt extra laktosefrei gekochtes oder bereitgestelltes Essen nicht zu verspeisen. In einem Fall kam es bei mir vor, dass durch das Essen des normalen Gerichts für alle, was auf die Ungewissheit über den Inhalt von Laktose zurückzuführen ist, eine Frau aus der Küche kam und hinterfragt hat, für wen laktosefrei bestellt wurde. Dies kann als Betroffener zu einer sehr unangenehmen Situation führen, wenn die Frau vor der gesamten Gruppe, mit der man auf der Freizeit oder dem Seminar ist, in einem vorwurfsvollen Ton darauf hinweist, dass man dieses Gericht nicht essen dürfe.[62]

### 9.2. Kantinenessen

Beim Essen in Kantinen ist es mit der laktosefreien Ernährung ein bisschen schwieriger: In Kantinen, in denen nicht alles frisch zubereitet, sondern oft auf Fertigprodukte zurückgegriffen wird, besteht eine relativ hohe Wahrscheinlichkeit, Milchzucker im Essen zu haben. Wie bereits erwähnt, wird Laktose sehr häufig in Fertigprodukten eingesetzt. Zudem darf hier eine befriedigende Antwort vom Küchenpersonal

---

[60] Aus eigener Erfahrung.
[61] Vgl.: Schocke, Sarah: Laktose-Intoleranz. Beschwerdefrei genießen. Seite 29.
[62] Aus eigener Erfahrung.

nicht erwartet werden.[63] Die Information, dass das Gericht keine Milch enthält, garantiert keinesfalls eine laktosefreie Mahlzeit.[64] Beim Essen in einer Kantine ist es daher empfehlenswert, Laktase-Präparate dabei zu haben.


## 10. Fazit

Auch wenn eine Laktoseintoleranz als Betroffener eine nervige, unangenehme oder peinliche Sache sein kann, mit der man Freunde ohne Allergien und Unverträglichkeiten beneidet, da diese nicht auf diverse, leckere Produkte verzichten müssen, muss man im Hinterkopf behalten, dass es viele Menschen gibt, denen es schlechter ergeht. Es gibt Menschen, die neben einer Laktoseintoleranz zusätzlich an einer Gluten-, Fruktose- oder Histaminintoleranz[65] leiden[66], was das Spektrum an verträglichen Lebensmitteln deutlich weiter einschränkt. Ebenfalls schwieriger haben es Menschen, die an einer Zuckerkrankheit, wie zum Beispiel Diabetes leiden, bei der nicht auf Milchzucker, sondern auf Zucker grundsätzlich geachtet werden muss. Auch wenn der Blutzuckerspiegel durch Insulinspritzen reguliert werden kann, kann es bei übermäßigem Zuckerkonsum gesundheitlich (lebens-)gefährlich werden, was bei einer Milchzuckerunverträglichkeit nicht in diesem Ausmaß der Fall ist, auch wenn übermäßiger Verzehr die Darmschleimhaut zerstören kann. Manchmal kann es einem laktoseintoleranten Menschen sehr schwer fallen, auf schmackhafte Desserts und Süßspeisen, die viel Laktose enthalten, zu verzichten. Doch wenn man nicht widerstehen kann, besteht immer noch die Möglichkeit, Laktase-Präparate oral einzuführen, oder sich mit den Beschwerden in den Folgestunden abzufinden, was gelegentlich auch verkraftbar ist. Wie bereits erwähnt, gibt es auch trotz Laktoseintoleranz ein riesiges Spektrum an schmackhaften Produkten und Süßspeisen. Laktosefrei-hergestellte Produkte sind eine gute Alternative, doch auf Dauer extrem teuer.

Als Jugendlicher mit Laktoseintoleranz kommt das Problem des sozialen Umfeldes dazu. Kinder und Jugendliche neigen häufig dazu, unangebrachte Sprüche, Bemerkungen oder Kommentare abzugeben, wenn sie erfahren, dass jemand keinen Milchzucker verträgt und bei zu großem Konsum an Blähungen und Durchfällen leidet.[67] Im Extremfall kann es zu Mobbingattacken führen.[68]

Daraus resultiert, dass es im jugendlichen oder kindlichen Alter vor allem für die Psyche belastender ist, mit einer Laktoseintoleranz zu leben, als im erwachsenen Alter. Der Grad der Unverträglichkeit entscheidet über die Häufigkeit des Auftretens solcher Fälle. Je höher der Grad ist, umso mehr Lebensmittel gibt es, auf die verzichtet werden muss, wodurch Hinterfragungen und Anmerkungen schneller auftreten,

---

[63] Vgl.: Schleip, Thilo: Laktoseitnoleranz. Wenn Milchzucker krank macht. Seite 96.
[64] Ebd.
[65] Unverträglichkeit gegen den Naturstoff Histamin, der in sehr vielen Lebensmitteln, sowie auch im menschlichen Organismus vorhanden ist.
[66] Vgl.: Schleip, Thilo: Laktoseitnoleranz. Wenn Milchzucker krank macht. Seite 96.
[67] Aus eigener Erfahrung.
[68] Ebd.

wenn man mit anderen speist. Der manchmal sehr zeitintensive Weg zur Diagnose, in dem Blähungen und Durchfallerscheinungen ohne Gewissheit auftreten, erschwert die Situation bereits im Voraus.

Interessant ist der Gedanke, dass Menschen, die sich vegan ernähren, quasi freiwillig auf alle milch- und milchzuckerhaltigen Produkte verzichten, da Laktose ein tierischer Bestandteil ist. Die Auswahl an Lebensmitteln ist für Veganer deutlich mehr eingeschränkt, als für Menschen mit Laktoseintoleranz. Alternativen, die für laktoseintolerante Menschen geeignet, aber nicht vegan sind, sind zum Beispiel Eigerichte, Fisch und Fleisch. Schwierig ist für mich dadurch die Vorstellung, freiwillig vegan zu leben. Ebenfalls kommt es für mich nicht in Frage, mich vegetarisch zu ernähren, da viele vegetarische Gerichte Käse oder andere Milchprodukte enthalten.

Wenn die Perspektive auf den Erdteil gerichtet wird, ist es in Mitteleuropa und Nordamerika schwieriger, mit einer Laktoseintoleranz zu leben, als in Afrika oder Südostasien, da die Esskulturen dort durch die deutlich höhere Rate an milchzuckerunverträglichen Menschen größtenteils laktosehaltiges Essen ausschließen.

Schlussendlich lässt sich sagen, dass eine hochgradige Laktoseintoleranz eines in Deutschland oder Mitteleuropa lebenden Jugendlichen eine verhältnismäßig schwierige Angelegenheit sein kann, welche allerdings im Laufe der Zeit leichter werden kann, wenn das soziale Umfeld älter und erwachsener wird, und der Grad der Intoleranz eventuell durch eine streng milchzuckerfreie Diät geringer wird.

**11. Literaturverzeichnis**

**Monographien**

Fritzsche, Doris: Laktose-Intoleranz. 1. Auflage. München: Gräfe und Unzer Verlag GmbH, 2009.

Schleip, Thilo: Laktose-Intoleranz. Wenn Milchzucker krank macht. 5. Auflage. Stuttgart: TRIAS Verlag in Medizinverlage Stuttgart GmbH & Co. KG, 2005.

Schocke, Sarah: Laktose-Intoleranz. Beschwerdefrei genießen. 1. Auflage. München: Gräfe und Unzer Verlag GmbH, 2015.

Zechmann, Michael: Fruktoseintoleranz, Laktoseintoleranz und Histaminintoleranz. Erste Hilfe nach der Diagnose. So meistern sie die Karenzphase. 2. Auflage. unbenannter Ort: Berenkamp Buch- und Kunstverlag, 2013.


**Internetadressen**

Dittrich, Kathi: Wie wird laktosefreie Milch hergestellt?
URL: https://www.ugb.de/exklusiv/fragen-service/wie-wird-laktosefreie-milch-hergestellt/?laktose-milchzucker
(16.01.2017, 22:24 Uhr).

FOCUS ONLINE: Alkoholfreies Bier (0,5 Vol.-%).
URL: http://www.focus.de/gesundheit/ernaehrung/gesundessen/tid-21566/alkohol-alkoholfreies-bier-0-5-vol-_aid_605508.html
(23.01.2017, 23:38 Uhr).

Grosser, Marian: Laktoseintoleranz – Symptome.
URL: http://www.netdoktor.de/krankheiten/laktoseintoleranz/symptome/
(24.01.2017, 17:59 Uhr).

Grosser, Marian: „Laktoseintoleranz-Test".
URL: http://www.netdoktor.de/krankheiten/laktoseintoleranz/test/
(20.12.2016, 22:37 Uhr).

Hundefutter-Tests.net: Laktoseintoleranz bei Hunden.
URL: https://www.hundefutter-tests.net/hundefutter-blog/laktoseintoleranz-bei-hunden
(03.02.2017, 01:02 Uhr).

Laktoseintoleranz.de – Alle Infos zum Thema: „Angeborene Laktoseintoleranz".
URL: http://www.laktoseintoleranz.de/angeborene-laktoseintoleranz/
(20.12.2016, 22:41 Uhr).

Laktoseintoleranz.de – Alle Infos zum Thema: „Geschichte der Laktoseintoleranz".
URL: http://www.laktoseintoleranz.de/geschichte-der-laktoseintoleranz/
(20.12.2016, 22:44 Uhr).

mitohnekochen.com: Laktoseintoleranz im Alltag.
URL: http://www.mitohnekochen.com/lactose/laktoseintoleranz-im-alltag/
(23.01.2017, 22:43 Uhr).

Muders, Alexandra: Laktoseintoleranz bei Katzen.
URL: http://www.helpster.de/laktoseintoleranz-bei-katzen_179669
(16.01.2017, 21:50 Uhr).

Nicol, Philipp: H2-Atemtest.
URL: http://www.netdoktor.de/diagnostik/h2-atemtest/
(23.01.2017, 23:01 Uhr).

Onleihe.de: Thilo Schleip: „Wenn Milchzucker krank macht", Online-PDF.
URL: http://www.onleihe.de/static/content/thieme/20101005/978-3-8304-3936-3/v978-3-8304-3936-
3.pdf
(03.02.2017, 01:19 Uhr).

Oschwald, Nicole: Laktosefreie Milch: wie funktioniert das eigentlich?
URL: http://eatsmarter.de/blogs/die-getraenkepruefer/laktosefreie-milch-wie-funktioniert-das-eigentlich
(16.01.2017, 22:25 Uhr).

Pro Natura Gesellschaft für gesunde Ernährung mbH: „Fragen und Antworten zu Lactose-Intoleranz".
URL: http://www.lactrase.de/lactose-intoleranz/fragen-und-antworten-zu-lactose-intoleranz/
(20.12.2016, 22:48 Uhr).

Schick, Regina; von der Eltz, Christiane: Behandlung von Laktoseintoleranz.
URL: http://www.meine-gesundheit.de/laktoseintoleranz/behandlung-von-laktoseintoleranz
(23.01.2017, 23:29 Uhr).

Schulz, Elena: Dürfen Katzen Milch trinken?
URL: http://www.ausliebezumhaustier.de/katzen-ernaehrung/duerfen-katzen-milch-trinken
(16.01.2017, 22:07 Uhr).

Zechmann, Michael: Abzocke mit laktosefreien Produkten.
URL: http://www.nahrungsmittel-intoleranz.com/nmi-blog/1089-abzocke-mit-laktosefreien-
produkten.html
(23.01.2017, 20:24 Uhr).

Zechmann, Michael: "Diagnose Laktoseintoleranz".
URL: http://www.nahrungsmittel-intoleranz.com/laktoseintoleranz-informationen-symptome/diagnose-
laktoseintoleranz.html
( 20.12.2016, 22:53 Uhr).

Zechmann, Michael: Laktase Präparate.
URL: http://www.nahrungsmittel-intoleranz.com/laktoseintoleranz-informationen-
symptome/behandlung-laktoseunvertraeglichkeit/laktase-produkte-enzym-fcc.html
(23.01.2017, 23:25 Uhr).

Zechmann, Michael: Steinzeitmenschen mit Laktoseintoleranz.
URL: http://www.nahrungsmittel-intoleranz.com/laktoseintoleranz-informationen-symptome/ethnische-
betrachtung-laktoseintoleranz.html
(01.02.2017, 15:17 Uhr).

Zechmann, Michael: Was heißt „laktosefrei"? Wann ist ein Lebensmittel ohne Laktose?
URL: http://www.nahrungsmittel-intoleranz.com/laktoseintoleranz-informationen-
symptome/laktosegehalte-tabelle.html
(23.01.2017, 00:42 Uhr).

Zeibig, Daniela: Verträglichkeit für Milchzucker entstand überraschend spät.
URL: http://www.spektrum.de/news/vertraeglichkeit-fuer-milchzucker-entstand-ueberraschend-
spaet/1314527
(03.02.2017, 01:07 Uhr).

ZEIT ONLINE: Ötzi litt an Laktose-Intoleranz.
URL: http://www.zeit.de/wissen/geschichte/2012-02/oetzi-forschung-krankenakte
(23.01.2017, 22:34 Uhr).


**Bildquellenverzeichnis**

Abbildung Deckblatt: NetDoktor: Startseite > Krankheiten > Laktoseintoleranz.
URL: http://s.ndimg.de/image_gallery/new_netdoktor/00/laktoseintoleranz-1-jpg_id_82227_265700.jpg
(22.01.2017, 21:00 Uhr).

Abbildung 1
Lecturio.de: Laktoseintoleanz: "Volkskrankheit" in Deutschland.
URL: https://www.lecturio.de/magazin/laktoseintoleranz/
(23.01.2017, 16:54 Uhr).

Abbildung 2
Lecturio.de: Laktoseintoleanz: "Volkskrankheit" in Deutschland.
URL: https://www.lecturio.de/magazin/laktoseintoleranz/
(23.01.2017, 16:56 Uhr).

Abbildung 3

nmiPORTAL: „Was ist Laktoseintoleranz?"

URL: http://www.nahrungsmittel-intoleranz.com/laktoseintoleranz-informationen-symptome/was-ist-

lakoseintoleranz.html

(23.01.2017, 17:45 Uhr).

Abbildung 4

sanotact: Damit sie auf nichts verzichten müssen.

URL: http://www.sanotact-vital.de/laktoseintoleranz/tipps-fuer-alltag-und-ernaehrung.html

(23.01.2017, 18:01 Uhr).

Abbildung 5

Tabelle eigenständig erstellt, alle Werte wurden übernommen von:

Schleip, Thilo: Laktose-Intoleranz. Wenn Milchzucker krank macht. 1. Auflage, Trias Verlag, 2010. Seite

101-104.

Abbildung 6

Siehe Abbildung 5.

Abbildung 7

Selbstständig erstellt.

Abbildung 8

Selbstständig erstellt.

Abbildung 9

Selbstständig erstellt.

Abbildung 10: Formulierungen wurden leicht abgeändert, Informationen übernommen aus: Schocke, Sa-

rah: Laktose-Intoleranz. Beschwerdefrei genießen. 1. Auflage. München: Gräfe und Unzer Verlag GmbH,

2015. Seite 18: "Helfer der Lebensmittelindustrie"

Abbildung 11:

Selbstständig erstellt.

# 12. Anhang

## Abbildungsverzeichnis

Abbildung 1 -  Anteil der Bevölkerung mit Laktoseintoleranz in verschiedenen Erdteilen

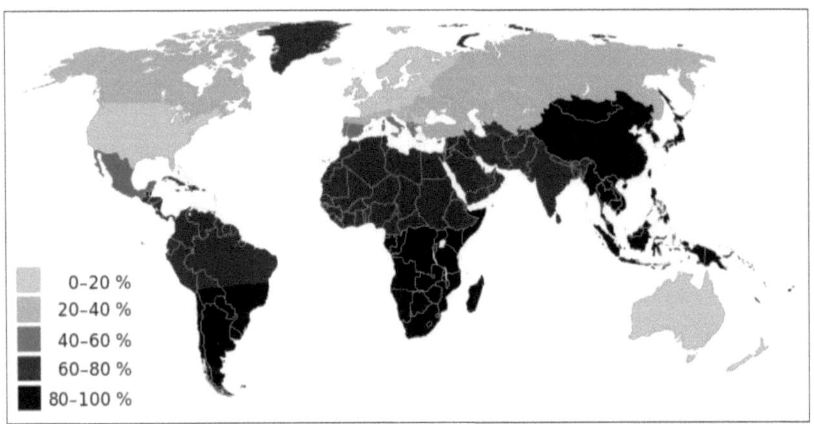


Abbildung 2 – Chemischer Aufbau von Laktose ($C_{12}H_{22}O_{11}$ + $H_2O$), Galaktose ($C_6H_{12}O_6$) [1] und Glucose ($C_6H_{12}O_6$) [2] durch Laktase katalysiert.

Abbildung 3 -  Aufspaltung von Laktose in Glukose und Galaktose durch das Enzym Laktase, die Einfachzucker gelangen in die Blutbahn (links). Rechts ist eine mangelnde Laktase-Produktion der Dünndarmwand dargestellt, die Laktose gelangt in den Dickdarm. Vergleich: Laktoseverträglichkeit und Laktoseunverträglichkeit.

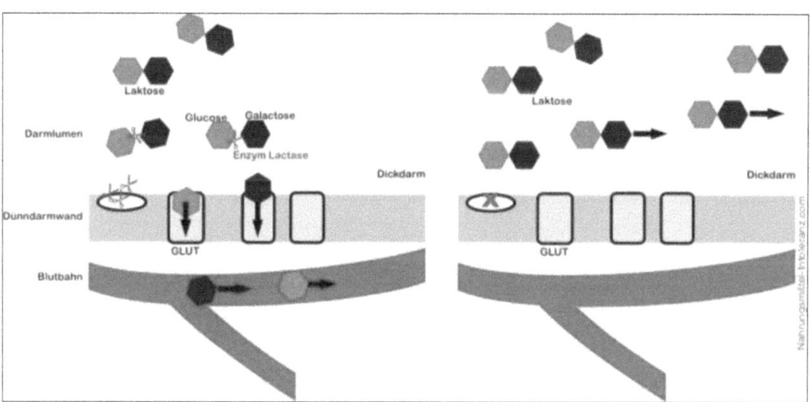


Abbildung 4 – Ein Beispiel für ein Laktasepräparat von sanotact®.  Inhalt: 40 Tabletten. Dosierung: 15 000 FCC-Einheiten (extra hoch).

Abbildung 5 – Laktosegehalt verschiedener Milchprodukte im Vergleich.

| Geringer Gehalt (0,0-1,0 g) |
| Mittelmäßiger Gehalt (1,1-4,9 g) |
| Hoher Gehalt (5,0-24,9 g) |
| Extrem hoher Gehalt (>25,0 g) |

| 100 Gramm Lebensmittel | Laktose-Gehalt |
|---|---|
| Briefkäse 50% Fett | 0,1-2,0 g |
| Butter | 0,6 g |
| Butterkäse 50% Fett | 0,6 g |
| Buttermilch | 3,5 g |
| Buttermilchpulver | 44,2 g |
| Camembertkäse 45% Fett | 0,1-1,8 g |
| Chesterkäse 50% Fett | 0,3 g |
| Cottage Cheese (Hüttenkäse) | 3,3 g |
| Créme fraiche | 2,5 g |
| Dessercreme | 2,8-6,3 g |
| Dickmilch | 3,7-5,3 g |
| Dickmilch Frucht | 3,2-4,4 g |
| Dickmilch Natur 3,5% Fett | 4,0 g |
| Doppelrahmfrischkäse 60% | 2,45 g |
| Edamer 45% Fett | 2,0 g |
| Edelpilzkäse | < 0,1 g |
| Eiscreme | 6,7 g |
| Emmentalerkäse | < 0,1 g |
| Erdbeerquark | 2,5 g |
| Fertigwurstwaren | 1,0-4,0 g |
| Fetakäse 45% Fett | 0,5-4,1 g |
| Frischkäse (Rahm) 60-85% Fett | 2,6 g |
| Frischbuttermilch | 3,2 g |
| Fruchteiscreme | 5,1-6,9 g |
| Fruchtjoghurt mager | 3,0 g |
| Fruchtjoghurt fettarm | 3,1 g |
| Gouda 45% Fett | 2,0 g |
| Grießbrei | 2,8-6,3 g |
| Halbrahm pasteurisiert | 3,3 g |
| Halbrahm UHT | 3,7 g |
| Havertikäse | < 0,1 g |
| Ja! Kaffeeweißer® | 10,0 g |
| Jerome Käse | < 0,1 g |
| Joghurt aus Trinkmilch 1,5% Fett | 4,1 g |
| Joghurt aus Trinkmilch 3,5% Fett | 4,0 g |
| Joghurt mit Milchpulver | 4,7 g |
| Joghurt Natur | 3,2 g |
| Joghurteis | 5,1-6,9 g |
| Kaffeerahm | 3,8 g |
| Kaffeesahne 10% Fett | 5,3 g |
| Kakaopulver | < 0,1 g |
| Kartoffelpüree 1 Portion | 4,0 g |
| Käsefondue (fertig) | 4,4 g |
| Käsepastete 50% Fett | 4,4 g |
| Kefir | 3,5-6,0 g |
| Kefir fettarm | 4,1 g |
| Kochkäse 0-45% Fett | 3,2-3,9 g |
| Kondensmilch 7,5% Fett | 9,2 g |
| Kondensmilch 10% Fett | 12,5 g |
| Kondensmilch gezuckert | 10,2 g |
| Kondensmagermilch gezuckert | 12,8 g |

| | |
|---|---|
| Limburgerkäse | 0,1-2,2 g |
| Magermilchpulver | 52,0 g |
| Margarine | 0,0-0,1 g |
| Milch entrahmt | 5,0 g |
| Milch fettarm | 4,9 g |
| Milch pasteurisiert 3,5% Fett | 4,8 g |
| Milcheis | 5,1-6,9 g |
| Milchmixgetränke | 4,4-5,4 g |
| Milchpulver | 38,0-51,5 g |
| Milchreis 1 Portion | 18,0 g |
| Milchschokolade | 9,5 g |
| Molke süß | 4,7 g |
| Molkegetränke | 3,5-5,2 g |
| Molkenpulver | 70,0 g |
| Mozzarella | 0,1-3,1 g |
| Münsterkäse | 0,1-1,1 g |
| Nougat | 25,0 g |
| Parmesankäse | 0,05-3,2 g |
| Pfannkuchen 1 Portion | 4,5 g |
| Pudding | 2,8-6,3 g |
| Raclettekäse | < 0,1 g |
| Rahmquark | 3,1 g |
| Räucherkäse | < 0,1 g |
| Reibkäse | < 0,1 g |
| Ricottakäse | 0,2-5,1 g |
| Romadourkäse | 2,5 g |
| Roquefortkäse | 2,0 g |
| Sahneeis | 1,9 g |
| Sahne-Fruchtjoghurt | 3,2 g |
| Sahnejoghurt | 3,7 g |
| Saure Sahne 10% Fett | 3,3 g |
| Schafskäse | < 0,1 g |
| Schafsmilch | 4,8 g |
| Schlagsahne 10% Fett | 4,05 g |
| Schlagsahne 30% Fett | 3,3 g |
| Schmelzkäse 10-70% Fett | 2,8-6,34 g |
| Spaghetti Carbonara 1 Portion | 7,0 g |
| Speiseeis | 1,9-7,0 g |
| Speisequark 20% Fett | 2.7 g |
| Speisequark 40% Fett | 2,6 g |
| Speisequark mager | 3,2 g |
| Stauferkäse | < 0,1 g |
| Steppenkäse | < 0,1 g |
| Trappistenkäse | < 0,1 g |
| Trinkmolke | 4,7 g |
| Vollmilch 3,5% Fett | 4,8 g |
| Vollmilchpulver | 38,0 g |
| Vollmilchjoghurt 3,5% | 4,0 g |
| Vollrahm pasteurisiert | 3,1 g |
| Vollrahm UHT | 3,1 g |
| Weichkäse | < 0,1 g |
| Weidestern Kaffeweißer® | 10,0 g |
| Weinkäse | < 0,1 g |
| Weißlackerkäse | < 0,1 g |
| Ziegenmilch | 4,1 g |

Abbildung 6 – Viele Käsesorten sind durch ihre Reifezeit von Natur aus „laktosefrei".

| Verschiedene Käsesorten | Laktosegehalt pro 100 Gramm Käse |
| --- | --- |
| Butterkäse 50% Fett | 0,6 g |
| Chesterkäse 50% Fett | 0,3 g |
| Edelpilzkäse | < 0,1 g |
| Emmentalerkäse | < 0,1 g |
| Havertikäse | < 0,1 g |
| Jerome Käse | < 0,1 g |
| Münsterkäse | 0,1-1,1 g |
| Raclettekäse | < 0,1 g |
| Räucherkäse | < 0,1 g |
| Reibkäse | < 0,1 g |
| Schafskäse | < 0,1 g |
| Stauferkäse | < 0,1 g |
| Trappistenkäse | < 0,1 g |
| Steppenkäse | < 0,1 g |
| Weinkäse | < 0,1 g |
| Weißlackerkäse | < 0,1 g |

Abbildung 7 – Auf der Zutatenliste von Baumkuchen-Stücken werden die Zutaten Vollei (Ei), Butterein-fett (einschließlich Laktose), Weizenmehl und Weizenstärke (glutenhaltiges Getreide), Mandeln und Le-cithine (Soja) wegen ihrer enthaltenen Allergene fett hervorgehoben. Außerdem werden die Spuren von Erdnüssen und anderen Schalenfrüchten sichtbar gekennzeichnet.

Abbildung 8 – Mein Einkauf an laktosefreien Produkten vom 05. Dezember 2016 bei famila® und EDE-KA®.

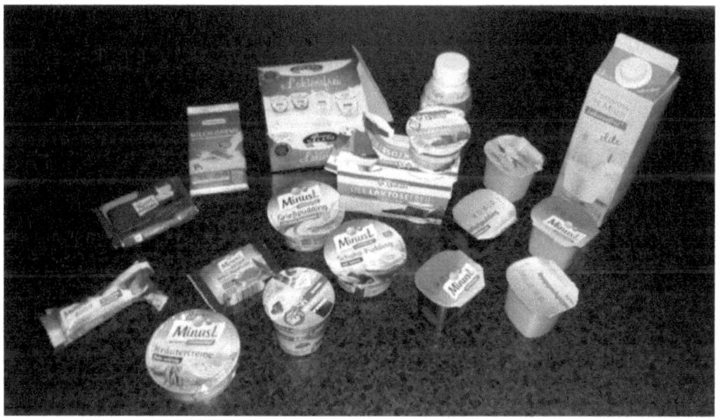

Abbildung 9 – Eine Knorr® Fix Lasagne-Zubereitung aus der Tüte, links die Vorderseite und rechts die Rückseite samt Zutatenliste. Auch, wenn man in diesem Pulver nicht unbedingt Laktose vermutet, sind sehr stark laktosehaltige Bestandteile (in Großbuchstaben) zu sehen: Schmelzkäse aus Käse und Molkenerzeugnis, zusätzliches Molkenerzeugnis, Milcheiweiß, Milchzucker (= Laktose) und Aromen, die Milch enthalten.

Abbildung 10 - Vorteile, Laktose in der Lebensmittelindustrie zu verwenden

- Laktose hat eine hohe Wasserbindungskapazität. Daher eignet es sich gut als Bindemittel
- Milchzucker wird als Konservierungsstoff in der Fleisch- und Wurstverarbeitung genutzt
- Bratwürste erhalten ihre typische Bräunung durch die sogenannte Maillard-Reaktion, welches die Bräunungsreaktion von Laktose bei höheren Temperaturen ist
- Laktose hat eine hohe Bindungskapazität für Aromen, also wird es häufig als Trägerstoff von Süßstoffen, Geschmacksverstärkern oder Aromen in verschiedenen Lebensmitteln eingesetzt
- Laktose verstärkt Aromen und kann Süße reduzieren, um restliches Aroma, zum Beispiel Fruchtaroma, mehr zu betonen

Abbildung 11 – Kassenbon des Einkaufs von laktosefrei-hergestellten Produkten bei EDEKA® vom 5. Dezember 2016 für die zweite Woche des durchgeführten Selbstversuches.

| | | |
|---|---|---|
| | | EUR |
| E.FRUCHTJOGHURT | 0036 | 0,39 A |
| E.FRUCHTJOGHURT | 0036 | 0,39 A |
| E.FRUCHTJOGHURT | 0036 | 0,39 A |
| B.GEL EIS LAKTOS. | 0032 | 4,99 A |
| RITTER SPORT V.NU. | 0019 | 1,79 A |
| RITTER SPORT VM | 0019 | 1,79 A |
| MINUSL PUDDING | 0036 | 1,79 A |
| MINUSL MILCHPUDD. | 0036 | 1,79 A |
| Posten: 8 | | |
| Summe EUR: | | 13,32 |
| Bar | EUR | 14,00 |
| Rückgeld | EUR | 0,68 |

| | MWST | BRUTTO | NETTO |
|---|---|---|---|
| A 7% | 0,87 | 13,32 | 12,45 |

Hervorgehoben (oben): vier mal 100 Milliliter laktosefreies Eis in verschiede-nen Sorten für 4,99 Euro, was einem Preis von 124,75 Cent, also ungefähr 1,25 Euro pro 100 Milliliter Inhalt entspricht. Vergleich: Günstiges Eis (In-halt: 1000 Milliliter) kann man bei PENNY® bereits für 1,79 Euro kaufen. Dies entspricht ungefähr 18 Cent pro 100 Milliliter Inhalt, was ungefähr ein Siebtel des Preises für das laktosefreie Eis ist.

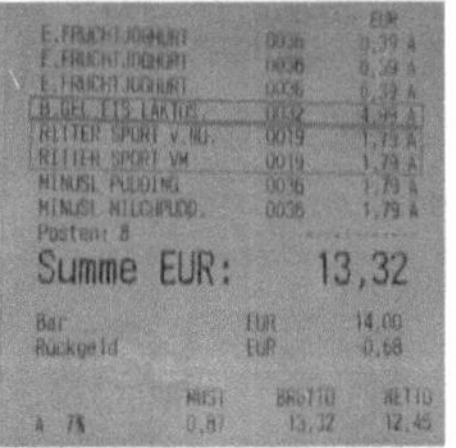

Hervorgehoben (unten): zwei verschiedene Sorten laktosefreie Rittersport®-Schokolade (jeweils 100 Gramm). Während in derselben Abteilung norma-le, milchzuckerhaltige Rittersport®-Schokolade 1,39 Euro pro Tafel (100 Gramm) kostet, beträgt der Preis für die extra laktosefrei-hergestellte Scho-kolade 1,79 Euro pro Tafel. Damit ist sie um ca. 28,7 Prozent teurer.

*__Ernährungstagebuch während der Selbstversuche__*

In dem folgenden Tagebuch ist alles dokumentiert, was ich in den vierzehn Tagen des Selbstversuches zu mir genommen habe. Die Liste innerhalb eines Tages entspricht ungefähr der Reihenfolge, wie die Nahrungsmittel eingenommen wurden, aber nicht unbedingt zu 100 Prozent. Nicht relevante Getränke wie Wasser, Säfte oder Softgetränke wurden nicht berücksichtigt. Einige Angaben wie zum Beispiel „Kohl" sind ungenau, da sie nicht ausführlich genug dokumentiert wurden.

## __Woche 1 – Montag, den 28. November bis Sonntag, den 04. Dezember 2016__

### Montag, der 28. November 2016:

- ein Brötchen mit Salami, Schinken und Putenwurst (ohne Butter oder Margarine)
- ein halbes Brötchen mit Marmelade (ohne Butter oder Margarine)
- zwei Scheiben Graubrot mit Marmelade (ohne Butter oder Margarine)
- ein Apfel
- ein halbes Brötchen mit Mayonnaise, Schinken, Putenwurst und Salami
- Salzstangen
- MAOAM® Süßigkeiten
- ein McRib® und zwei Chicken Burger von McDonalds® (alles laktosefrei).

### Dienstag, der 29. November 2016:

- ein Toast mit Marmelade (ohne Butter oder Margarine)
- ein Toast mit Mayonnaise, Schinken und einer Scheibe Wurst
- Protein-Müsli (Banane) mit einem Soja-Drink anstatt Milch
- drei Toasts mit Spiegelei, Fleischsalat oder Mayonnaise und Wurst
- vegane Chips

### Mittwoch, der 30. November 2016:

- Nudeln mit Tomaten- und Curryketchup
- ein halbes Brötchen mit Fleischsalat
- ein Brötchen mit Wurst (ohne Butter oder Margarine)
- ein halbes Brötchen mit Marmelade (ohne Butter oder Margarine)
- Kartoffelspiralen mit süßer Chili-Sauce

### Donnerstag, der 01. Dezember 2016:

- Nudeln mit Tomatenketchup
- ein halbes Brötchen mit Fleischsalat
- ein halbes Brötchen mit Wurst (ohne Butter oder Margarine)

- ein halbes Brötchen mit Marmelade (ohne Butter oder Margarine)

## Freitag, der 02. Dezember 2016:

- ein Apfel
- ein Brötchen mit einem Würstchen und Ketchup
- Nudeln mit Tomatenketchup
- ein Toast mit Teewurst (ohne Butter oder Margarine)
- Protein-Müsli (Banane) mit einem Soja-Drink anstatt Milch

## Samstag, der 03. Dezember 2016:

- zwei Toasts mit Wurst (ohne Butter oder Margarine)
- Chicken Nuggets
- Kartoffeln
- ein Toast mit Spiegelei und Wurst
- Protein-Müsli (Banane)

## Sonntag, der 04. Dezember 2016:

- drei gekochte Eier
- drei Aufbackbrötchen mit Remoulade und Wurst
- Kürbis in Öl (aus dem Backofen)
- zwei Mandarinen
- eine Scheibe Brot mit Remoulade

---

Fazit der ersten Woche: Die Ernährung enthielt sehr viele Fleischbestandteile. Es wurden keine süßen Desserts verspeist. Milch und Milchprodukte waren komplett ausgeschlossen, was zu einer überaus kalziumarmen Ernährung führte.

## Woche 2 – Montag, der 05. Dezember bis Sonntag, den 11. Dezember 2016

### Montag, der 05. Dezember 2016:

- laktosefreie „Ganze Nuss"-Schokolade (50 Gramm)
- laktosefreies Schokoladeneis (100 Milliliter)
- zwei Scheiben Brot mit laktosefreier Nussnugatcreme
- ein Glas (ca. 200 Milliliter) laktosefreie Milch
- eine Mandarine
- ein Apfel
- laktosefreie Vollmilchschokolade
- ein laktosefreier Stracciatella-Joghurt

- eine laktosefreie Haselnussschnitte
- zwei Toasts mit laktosefreiem Kräuterfrischkäse und Maasdamer Käse (laktosefrei)
- ein Toast mit laktosefreier Nussnugatcreme
- ein Toast mit Zwiebelmett
- ein Toast mit Remoulade und Wurst
- eine laktosefreie Haselnussschnitte
- ein laktosefreier Himbeer-Joghurt
- ein Laktosefreier Schokoladenpudding
- laktosefreie Schokolade
  Kohl mit Kartoffeln
- ein laktosefreier Müsliriegel


## Dienstag, der 06. Dezember 2016:

- ein laktosefreier Vanillepudding
- Kohl mit Kartoffeln und Würstchen, gekocht mit laktosefreier Sahne
- laktosefreies Erdbeereis (100 Milliliter)
- laktosefreier Grießpudding (125 Gramm)


## Mittwoch, der 07. Dezember 2016:

- ein Toast mit laktosefreier Nussnugatcreme
- ein Brötchen mit Remoulade und Wurst
- ein Brötchen mit Käse
- ein Brötchen mit laktosefreier Nussnugatcreme
- Mohrrüben
- HARIBO®-Vampire
- Kohl mit Kartoffeln und Würstchen, gekocht mit laktosefreier Sahne
- laktosefreier Pfirsich-Maracuja-Joghurt
- laktosefreie Vollmilchschokolade


## Donnerstag, der 08. Dezember 2016:

- ein Brötchen mit Würstchen und Ketchup
- laktosefreies Vanilleeis (100 Milliliter)
- laktosefreier Vanillepudding
- zwei Scheiben Graubrot mit Fleischsalat
- zwei Teller Spaghetti Bolognese, gekocht mit laktosefreier Sahne
- laktosefreie Schokolade
- laktosefreier Grießpudding
- 

Freitag, der 09. Dezember 2016:

- ein Apfel
- ein Dürüm-Döner ohne Tzatziki
- Spaghetti Bolognese, gekocht mit laktosefreier Sahne
- ein Zigeunerschnitzel mit Zigeuner Sauce und Pommes Frittes
- Chips (Laktosefrei)


Samstag, der 10. Dezember 2016:

- ein Toast mit Wurst, Fleischsalat und Käse
- ein Würstchen mit Ketchup
- ein Toast mit Ketchup
- Mini-Frikadellen
- eine Champignon-Pizza ohne Käse
- ein Chicken Burger, ein Hamburger und ein McChickenClassic® von McDonalds® (alles laktosefrei)


Sonntag, der 11. Dezember 2016:

- zwei hartgekochte Eier,
- zwei Toasts mit Remoulade, Hinterschinken und Kräutersalz
- ein Glas laktosefreie Milch
- ein Glas Bio Reis-Drink (vegan)
- HARIBO® Fruchtgummi
- parniertes Schnitzel mit Pommes Frittes, Ketchup und Mayonnaise
- veganes Dessert: „Cookies and Cream mit Vanillecreme und Schokolade" (im Restaurant)
- laktosefreies Mangoeis (100 Milliliter)
- laktosefreie Schokolade
- laktosefreier Stracciatella-Joghurt
- laktosefreie Milch

---

Fazit der zweiten Woche: Butter und Margarine wurden nach wie vor nicht konsumiert. Es ist ein starker Anstieg an süßen Desserts zusehen, die durch Kalzium einen positiven, aber durch hohe Kohlenhydrat- und Fettgehalte einen negativen Effekt haben. Das Spektrum an Nahrungsmitteln ist um den gesamten Bereich von laktosefreien Milchprodukten erweitert worden.